建筑名家名作精选系列

格瓦思梅 - 西格尔事务所
Gwathmey & Siegel

[美] 格瓦思梅 - 西格尔事务所 著

马琴 译

中国建筑工业出版社

格瓦思梅 - 西格尔事务所
Gwathmey & Siegel

著作权合同登记图字：01-2003-8668号

图书在版编目（CIP）数据

格瓦思梅-西格尔事务所/[美]格瓦思梅-西格尔事务所著；马琴译.—北京：中国建筑工业出版社，2005
（建筑名家名作精选系列）
ISBN 7-112-07075-9

Ⅰ.格... Ⅱ.①美...②马... Ⅲ.建筑设计-作品集-美国-现代 Ⅳ.TU206

中国版本图书馆CIP数据核字(2004)第131145号

Copyright © H Kliczkowski-Onlybook, S.L.
Chinese translation copyright © 2005 by China Architecture & Building Press
All right reserved
本书由西班牙Loft出版社正式授权我社在中国翻译、出版、发行本书中文版

责任编辑：丁洪良　戚琳琳
责任设计：孙　梅
责任校对：王雪竹　赵明霞

建筑名家名作精选系列
格瓦思梅-西格尔事务所
[美]格瓦思梅-西格尔事务所 著
马　琴 译
*
中国建筑工业出版社出版、发行（北京西郊百万庄）
新　华　书　店　经　销
北京嘉泰利德制版公司制作
北京顺诚彩色印刷有限公司印刷
*
开本：889×1194毫米　1/32　印张：2½　字数：120千字
2005年5月第一版　2005年5月第一次印刷
定价：25.00元
ISBN 7-112-07075-9
TU·6308　（13029）

版权所有　翻印必究
如有印装质量问题，可寄本社退换
（邮政编码100037）
本社网址：http://www.china-abp.com.cn
网上书店：http://www.china-building.com.cn

目 录

6	简 介
8	所罗门·R·古根海姆博物馆修缮与扩建
14	马利布住宅
22	劳伦斯科技大学科技与教学综合楼
30	普林斯顿大学
36	摩根·史丹利·添惠有限公司全球总部
42	圣·奥诺弗雷住宅
48	国际摄影中心
56	华盛顿大学 - 亨利美术馆
64	艾奥瓦大学 - 莱维特中心
70	哈佛大学 - 维尔纳·奥托中心
78	本书所介绍项目方位图
79	作品年表

简 介

　　格瓦思梅-西格尔事务所成立于1968年，总部在纽约，主要从事建筑设计、城镇规划、室内设计和产品设计等工作。在它32年的职业生涯中，该事务所在世界各地做了300多个项目。这些项目涉及社会团体、教育、文化、政府机关以及私人住宅等多个领域。

　　这个由80多人组成的事务所赢得了100个设计奖项，在专业和大众领域久负盛誉，并且有不计其数的展览和关于当代建筑的书籍收录了他们的作品。

　　1982年，格瓦思梅-西格尔事务所是第一个获得美国建筑师学会最高荣誉的青年建筑师事务所，这个奖项是为了表彰他们每一个作品都有新颖的外观、精致的细部，并且始终对环境和经济因素保持敏感……同时也是为了对"他们坚定不移的合作精神"表示嘉奖。

这个事务所因为涉猎广泛而著名，他们的设计包括了从最小的室内设计到与环境相关的方方面面。

查尔斯·格瓦思梅和罗伯特·西格尔主要负责设计，尽管他们也很积极地参与每个项目的深化发展，但是这些主要还是由他们的助手负责。

他们的12名助手都是加入这个团队12~25年的建筑师。他们负责指导每一个专门的项目组。另外，他们还负责选择和协调工程师以及专业顾问，起着事务所和业主之间的桥梁作用。

业主本身也非常积极地参与到设计过程中，他们选择形式，并且决定设计的方向。而这些专业人士的兴趣在于在互动和分析的基础上把项目往前推进。专门的项目组则对基地和建筑之间有着细微差别的相互作用非常敏感。他们作品中的大多数项目都是校园建筑和城市中心，以及历史建筑的扩建和翻新。

所罗门·R·古根海姆博物馆修缮与扩建

格瓦思梅-西格尔事务所在纽约做的所罗门·R·古根海姆博物馆修缮与扩建是他们最著名和最受赞誉的作品。它包括51000平方英尺的新建和修缮的美术馆、15000平方英尺新建的办公空间、一个经过修缮的剧院、一家新的饭店以及经过修整的服务和储藏空间。

合作者：塞弗路德合伙人事务所(结构)
约翰·L·阿蒂
耶律顾问工程师事务所(现场)
光和空间合作有限公司(照明)
乔治·A·富勒公司
里尔·麦克加弗·波维斯公司(承包)
位置：美国，纽约
面积：15000平方英尺
建造时间：1992年
摄影：杰夫·戈德伯格

这个新的扩建方案充分肯定了1949-1952年赖特设计的扩建方案，以及威廉·卫斯理·彼得提出的10层楼的扩建方案。扩建部分由与现有建筑相连的两个重要的交点所确定，一个是与现有的交通核中的圆形大厅相连的节点，另一个是与沿着它的西墙的主楼相连的节点。扩建的部分形成了阳台景观，以及从新建的三个两层的美术馆和一个单层的美术馆进入圆形大厅的通道。一道透明的玻璃墙把主楼和扩建部分联结起来，无论是从内往外还是从外往内都表现了原有的建筑立面。

现在这些附属建筑在功能和空间上都和圆形大厅以及扩建部分很好地结合在了一起。新的五层雕塑平台，巨大的圆形屋顶平台以及经过修整的公共坡道从一个新的广泛而全面的视角表现了原有建筑。

现在，原有建筑全部被用作展览空间。每个坡道都有自己的入口或者朝向新的美术馆的视野。在圆形大厅里面，大量的技术改进纠正了原来一些疏忽，把博物馆的标准提高到了一个新的高度。他们将灯具擦拭一新，打开了螺旋墙转角处的天窗，并且重新装上了首层展览空间周围的天窗，通过这些手段再现了赖特最初的设计中对光的敏感。

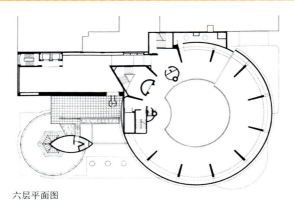

六层平面图

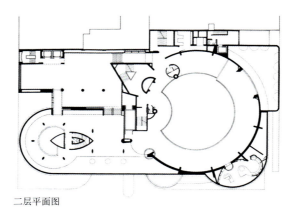

二层平面图

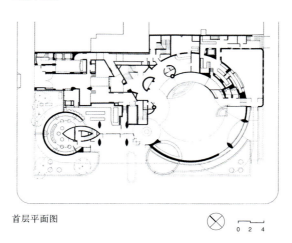

首层平面图

这座标志性建筑进行修缮的两个主要任务是替换中心天窗的窗格和实现入口坡道的现代化。

有些新建美术馆是两层通高的,在视觉上与主要的交通流线保持着联系。

第五大道立面图

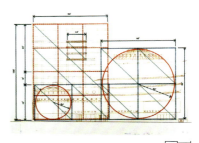
建立在黄金分割基础上的比例系统　0 2 4

圆形大厅剖面图

后部体量剖面图　0 2 4

马利布住宅

在一层,入口将车库和服务区与孩子们的房子隔开,并且可以直接通向游泳池的平台。

与两层高的玻璃幕墙相平行的交通区同时在实质上和视觉上把整个住宅联结在一起。一条坡道从入口通向端头是主卧室的第一夹层空间。那里有一个螺旋楼梯通向作为卧室的阁楼,阁楼面向大海,并且可以俯瞰下面的起居室。

二楼朝向大海的起居室、餐厅、厨房形成了一个阁楼似的空间序列。

在现有的"地下室"的位置上是视听室、健身房、服务和设备用房。这个地下室变成了这座住宅其他部分的底座。

这栋住宅的扩建部分是一个通过把住宅的体量和基地框架内的室外空间相互穿插而形成的连续的部分。从而形成了富有创造力的剖面效果和清晰的交通流线。

这栋私人住宅位于由北侧的太平洋海岸高速公路、南侧的太平洋以及东西两侧的现有的两层住宅所界定的三英亩基地上。设计的主要意图是创造一种开阔的感觉,同时最大限度地把扩建项目包括在内。

这个项目的设计内容包括一座主体住宅和车库、游泳池、客房和网球场。设计师的解决办法是通过体量的穿插把建筑、室外空间和景观结合起来,在南北和东西两条轴线上都形成一个有秩序的序列。两旁栽满了树木的入口车道沿着基地西侧前进,为客房和东侧的网球场形成了一道屏障。车道终止于一个基地南侧与悬崖和海洋平行的风景秀丽的共用车道上,这个地方成为客房/草坪和主要的住宅与游泳池之间的转换点。

位置:美国,加利福尼亚州,马利布
面积:10000平方英尺
摄影:爱德华德·普斐弗

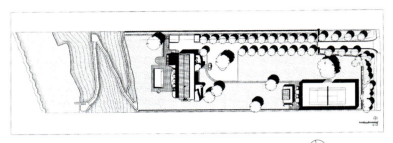

总平面图

0 3 6

通过把室外、室内空间以及它们之间的过渡空间结合起来来形成住宅和基地之间的对话。西北立面朝向花园的游泳池。这个立面上使用的是巨大的窗户和平台,而朝向入口公路的西南向的立面明显要封闭得多。

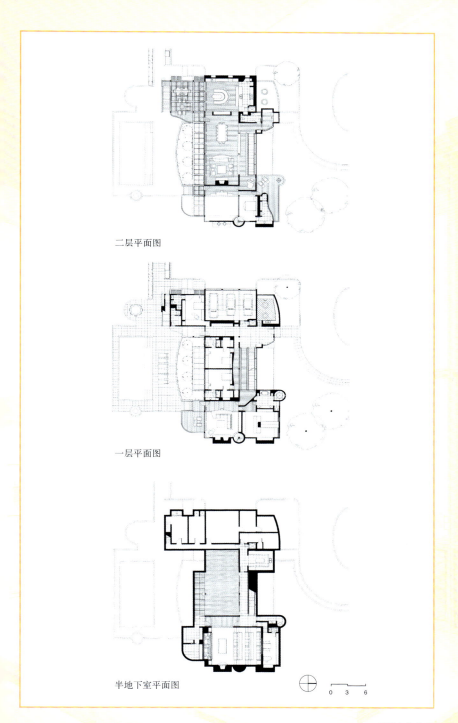

二层平面图

一层平面图

半地下室平面图

百叶调节着穿过巨大的窗户进入室内的光线。这个洞口形成了所有的居住空间和花园之间严格的视觉关系。

马利布住宅

劳伦斯科技大学科技与教学综合楼

这座建筑面积135000平方英尺的4层楼，布置在一层的建筑系馆和工程系馆之间，它的长向被一个巨大的3层高的入口所打断。这个入口是学校的主入口，通向校园的方庭。建筑使用的材料是白色的瓷砖、铝合金、波纹板和镀锌板。

最初对建筑基地的分析也导致了对原有校园规划的彻底改变。原来的规划中，主干道一直穿过方庭的中间，一直通到校园主要建筑之间的步行道。

通过引入科技与教学综合楼，现在主干道变成沿着校园周边展开，停车场也被挪到了边上。结果形成了一个步行的方庭，而科技与教学综合楼形成了它的建筑框架，最后形成林荫道与建筑相结合的景观特点。

正在建造的科技与教学综合楼将成为劳伦斯大学新的正门和主楼。它将为全校服务，升级和扩展艺术教室、教学实验室和远程教学的设施。这个方案也导致了最终把校园改造成以步行为主的方庭。

综合楼为电子教学提供了全面的设备，包括全部有线化的教室、一间虚拟现实的实验室、一间先进的图像实验室、采光实验室、电子工程和计算机实验室、摄影工作室、电视制作和广播工作室。同时它还包括一个主要的展览和讲演空间、未来的办公室、一个包括15000座位的图书馆的资料中心，以及会议室和办公空间。一层门厅表现了这座建筑对技术的关注是通过与校园信息、集体教学和个人研究之间的信息共享来实现的。

合作者：纽曼/史密斯及合伙人事务所
位置：美国，密歇根州，南菲尔德
面积：135000平方英尺
建造时间：2001年
摄影：朱思汀·麦克诺奇

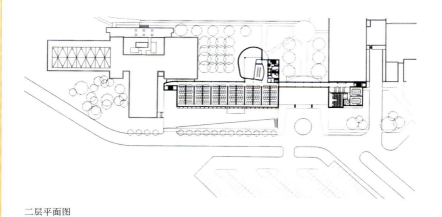

二层平面图

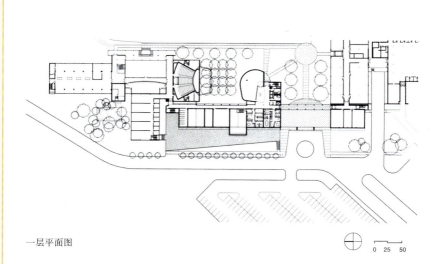

一层平面图

镀锌板饰面的两层通高的洞口界定了校园的入口。这个洞口是由连接建筑两侧的包括两个美术馆在内的低矮的门廊所形成的。

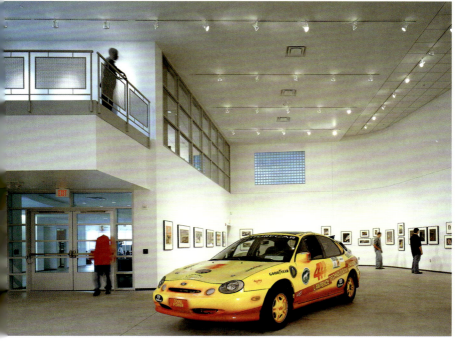

劳伦斯科技大学科技与教学综合楼

普林斯顿大学

这座42000平方英尺的本科生教学楼将数学系的系楼和物理系的研究生教学楼连接在一起,形成了一个与老校区中传统的方庭相呼应的庭院式广场。

该建筑包括三个主要的组成部分——报告厅、教室和实验室——通过不连续的体量和材质把它们连接起来。

两个半地下的报告厅形成了两个体量的基座:一个朝向广场的人造石材饰面的体量中包括了五个教室以及服务用房;另一个用镀锌板饰面的体量(为了迎合周围不同的几何形体而旋转了一个角度)中包括了五个实验室和一个实验准备室,它朝向主要的道路。公共流线是界定这三个体量的主要元素。

合作者:塞弗路德合伙人事务所(结构)
位置:美国,新泽西州,普林斯顿
面积:42000平方英尺
建造时间:1998 年
摄影:诺曼·麦克格雷斯

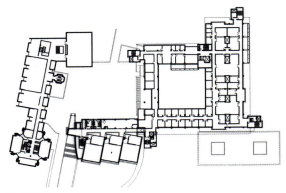
二层平面图

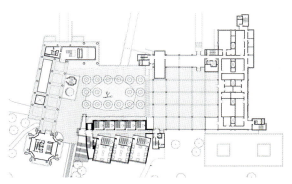
一层平面图

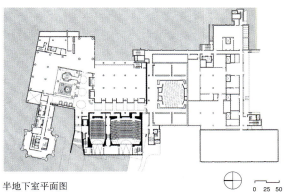
半地下室平面图

0 25 50

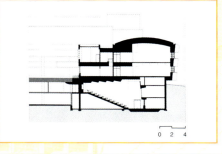

这座建筑由两个分别用石材和金属饰面的部分组成。比较低矮的部分在一定程度上起着地基和基础的作用。

在二层，一条走廊把五个西向的实验室和三个根据设备要求而设计了很高顶棚的附属实验室联系起来。在一层，一个巨大的门廊同时也充当着两个会议室的前厅。

普林斯顿大学 ■ 33

一层的会议室坡度很大,从而确保了良好的视听效果。房间的后面有一块巨大的控制板和一个可拆分的台子,为同时进行两个试验提供了可能性。

摩根·史丹利·添惠有限公司全球总部

国际投资金融公司——摩根·史丹利·添惠有限公司的全球总部是位于曼哈顿中部的一栋52层的大楼,这座建筑表现出了传统的摩天大楼试图在人的尺度范围内形成一种宜人的公共尺度,以及在空中形成轮廓清晰的天际线的愿望。

这个项目提出的问题之一就是基地不同寻常的形状和位置,建筑师通过创造同时与百老汇大街的斜线和曼哈顿的正交网格相呼应的形式来解决这个问题。基座与斜线相呼应;两层高的设备层断断续续的曲线是从扭转的基座向正交的塔楼转换的过渡点。玻璃幕墙上的天光云影既表现了透明的感觉又创作了反射的效果。摩根·史丹利·添惠公司的室内设计包括行政办公室、食堂、会议室、第40和41层的董事会议室、首层的门厅和塔楼的500人食堂。

行政办公室的入口使用了花岗石、红木,以及染成乌木的樱桃木。这个两层通高的入口可以看到东面、南面、西面的曼哈顿全景,它是行政办公层相互连接的体量之间的指示性空间。材料的选择使整个空间中充满了密实、持久和必然的感觉。只有两根柱子的公共门厅非常开阔。墙面的灰色花岗石上用墨绿色的抛光大理石作为重点的装饰。其他材料还包括地面上的白色、黑色和墨绿色的大理石几何拼图,以及咖啡色的木质顶棚。门厅这一层的通道包括新的自动扶梯、楼梯和通向500人就餐区的天桥。

合作者: 吉塞合伙人建筑师事务所(B2楼
　　　　　埃默里·罗斯家族公司(B3楼
位置: 美国,纽约,百老汇大街1585号
面积: 1300000平方英尺
建造时间: 1990年(建筑)
　　　　　　1995年(室内)
摄影: 彼得·爱隆
　　　　杰夫·戈德伯格

摩根・史丹利・添惠有限公司全球总部

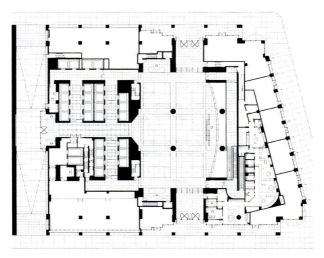

一层平面图

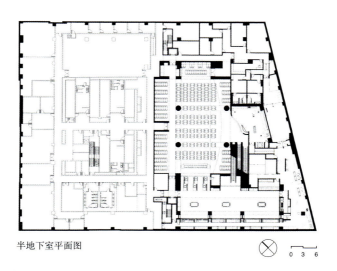

半地下室平面图

在就餐区，入口穿过一条步行道；自动扶梯和服务楼梯将这一层与半地下室连接起来。

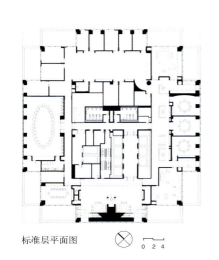
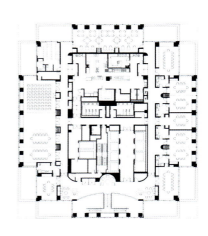

标准层平面图

圣·奥诺弗雷住宅

这栋私人住宅位于马利布峡谷尽端一个宁静的居住区中1.5英亩的基地上。一分为二的做法来自于基地独特的地形——雄伟宁静、坚实挺拔的马利布峡谷和视线范围内的流光溢彩形成了鲜明的对比,这为在建筑上把两个截然不同的部分结合在一起创造了条件。

3层高的石灰石建筑中包括了主要的起居空间,它与西南侧圣莫尼卡、太平洋和洛杉矶市中心天际线高耸的景观取得了平衡。包括服务空间在内的3层方形的建筑嵌在后面的斜坡中,俯瞰着西侧的峡谷。

除了这两座建筑之外,还有第三个元素——基地建筑。在不同标高的两个方向上对基地的改造包括建造大量的挡土墙(包括一直延伸到65英尺深的基础沉箱),并且为基地和建筑的结合创造条件。如果我们把建筑从基地上移走,那么挡土墙就会变成一个经过正式设计的建筑,以及一个被改变了的废墟。

这栋"峡谷住宅"被设计成一座与基地紧密结合的建筑,成为了基地的一部分。虽然它的组织形式和材料是分散的、独特的和对位的,但是曲线的石灰岩墙可以被看作是一个有根据的东西,一个考古的片断,它改变了人们在经过这座建筑的时候,认为它是非常有秩序的印象。

这座嵌在土地中的建筑是根据垂直方向和双边的处理手法进行空间组织的。首层的健身房、入口层的儿童房和上层的会议室分布在俯瞰峡谷的充满阳光的周边。

合作者:塞弗路德合伙人事务所(结构)
　　　　伯顿合伙人事务所(景观)
位置:美国,加利福尼亚州,太平洋
　　　帕利塞德
建造时间:1998年
面积:17000平方英尺
摄影:法施德·阿萨西

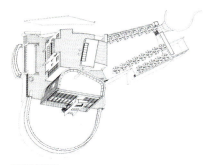
轴测透视图

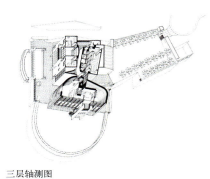
三层轴测图

二层轴测图

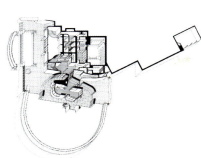
一层轴测图

建筑位于两个平台之间的斜坡上。第三个平台包括街道上的入口。两个主要的体量面向南面和西面。

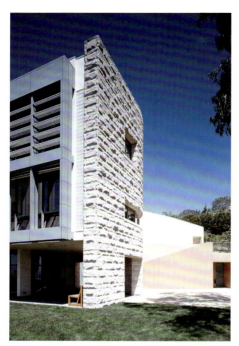

> 不同体量之间构成相互作用的每一个元素都使用不同的材料。后面的部分通过层数上的细微差别与其他部分区分出来。

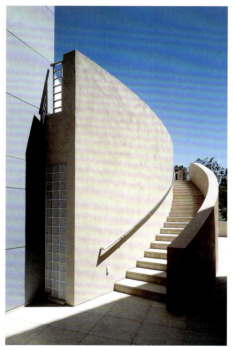

> 石灰石的体量中,一个两层通高的空间包括了餐厅和起居室。这个空间被加强它的曲墙所限制,从它的巨型窗户中可以看到城市和海洋的全景。

国际摄影中心

这个项目是要把一座现有的两层高的办公楼的首层和地下面积为 24000 平方英尺的部分改造成一座摄影博物馆。

一层包括入口门厅、接待、博物馆储藏室和固定展馆。

穿过一个两层高的楼梯后达到的地下室包括美术馆、咖啡厅和服务空间。

这个空间的设计可以容纳不同规模的展览,并且建立一个最佳的艺术博物馆环境。

这个空间被转化成一个充满了灵感和记忆的建筑序列。同时它也是密集而开敞的、简单而复杂的,从中可以很明显地看出建筑师想让这座建筑和它的展览一样彼此相关。

合作者: 塞弗路德合伙人事务所(结构)
　　　　费舍·马兰茨·斯通(照明)
　　　　B&F 建筑公司(承包)
位置: 美国,纽约,美利坚大街 1114 号
面积: 24000 平方英尺
建造时间: 2001 年
摄影: 保罗·沃切尔

一层平面图

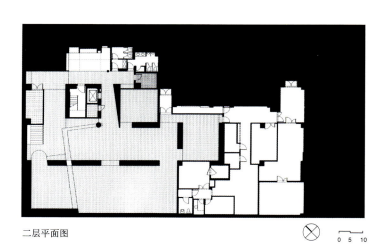

二层平面图

格瓦思梅-西格尔事务所在国际摄影中心改造中的主要目的,是要把临时的建筑和摄影与唤起积极的精神和意识的反应结合起来。新的博物馆无论是在大的尺度还是细部节点上都非常独特。

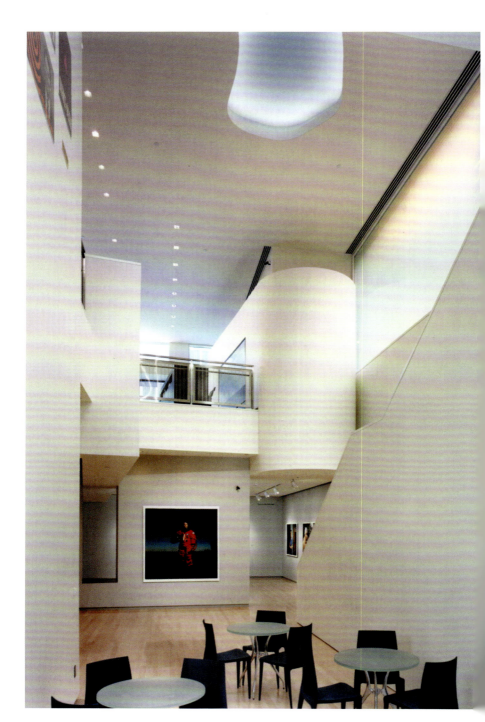

华盛顿大学 - 亨利美术馆

亨利美术馆扩建所面临的文脉的挑战,不仅包括改造作为进入华盛顿大学西部校园主要建筑物的1926年设计的卡尔·F·古德楼,而且还要推进这个设计并且界定这个项目。

原来两层高、面积为10000平方英尺的亨利美术馆不仅被周围的建筑淹没了,而且受到一座人行天桥的影响。最初的想法是要在建筑北翼设置巨大对称的艺术综合体,这个想法没有实现,现在的亨利美术馆包括永久馆藏品展厅、里德学习中心和馆长办公室。格瓦思梅和西格尔设计的三层扩建部分用有纹理的不锈钢、现浇混凝土和铸石偏离了原有的建筑。它包括灵活的、顶部采光的美术馆,行政办公室以及储存和保护的空间,另外还包括一个新的门厅、博物馆商店和报告厅。

但是最重要的也许是在视觉上将美术馆和它的扩建部分从周围的建筑隔离出来,形成了一个正规的转变,一种新的场所感,一个令人期待又丰富的入口序列以及与基地、流线和文脉的结合。在与原来的建筑交接的地方,新的主要的美术馆形成了一个在室内可以感受的令人难忘的形式。扩建的部分还扮演着一个从实体上雕刻下来的东西的角色,和原有的建筑呼应着,作为新的文脉框架中不对称的——尽管是主要的——元素而给它选择了新址,在校园尽端把多个建筑和基地的问题统一在了一起。

最后的效果是一幅将各不相同的元素统一在一起的建筑拼贴画。这些不同的元素重塑了通向苏扎罗图书馆的轴线,理顺了从街道到广场层之间的垂直转换之间的关系,将原来的亨利美术馆的立面与雕塑庭院和美术馆入口以及校园的入口结合在一起。作为片断,这些形式暗示而不是直接表现它们的空间。

合作者: 洛思齐、马克沃德和内肖姆事务所(助理建筑师)
安德森-包赞斯坦德-凯恩-雅各布有限公司(结构)
顾问设计有限公司(机械)
伯奇合伙人事务所(景观)
艾里斯-东建筑有限公司(承包)
位置: 美国,华盛顿州,西雅图,华盛顿大学
面积: 10000平方英尺
建造时间: 1997年
摄影: 法施德·阿萨西
詹姆斯·弗雷德里克·胡赛

巨大的天井被一个抬高的平台覆盖了一半,这个平台把原有建筑分散的各个部分连接起来(建于1929年)。新建的部分还在原美术馆的后面提供了服务空间和一个报告厅。

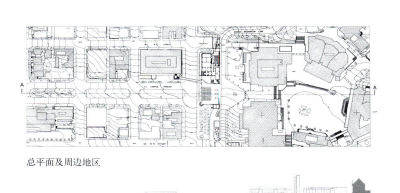

总平面及周边地区

剖面图 A

0 2 4

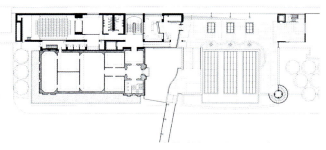

三层平面图

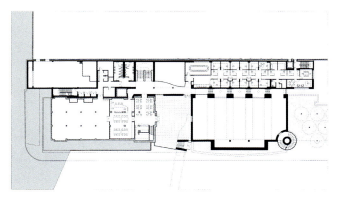

二层平面图

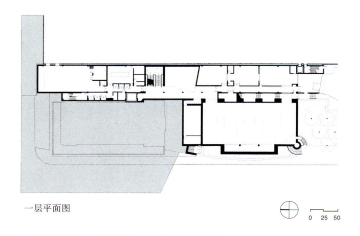

一层平面图

新建的美术馆富丽堂皇，从顶部进行采光，空间可以根据不同的展览规模的要求而重新划分。

艾奥瓦大学 - 莱维特中心

在这座城市的许多地方都可以看见艾奥瓦大学的莱维特中心,尤其是在晚上。这座建筑是一个不对称的综合体,它以印第安那的石灰石饰面,并且与一系列等级分明的公共集会空间和私人工作区域相连。根据业主的要求,建筑师把公共集会空间布置在顶层,可以看到河流与周围的校园。

5层高的圆形大厅确定了这个建筑群体的位置,并且充当着它主要的公共会议和流通空间,它的室内在视觉上和序列上形成了艾奥瓦大学的表演艺术校区的边界。这个主要的接待门厅把教员、学生和当地艺术家的大量艺术作品集中到一起。大厅的周围是仪式化的楼梯和用作散步的悬挑的桥,这些桥和楼梯将参观者引向顶层的公共集会空间——一个典型的行政办公室。

圆形大厅的上面是两层高的圆形会议室,它的阳台就在圆形大厅的上面。这个覆盖在反转的穹顶下面的灵活空间采用樱桃木的环形的传统会议桌。隔声板将它划分成三个部分,会议室可以和相邻的有着完善的视听设备的娱乐室连在一起。

建筑顶层的条状元素包括三个主要的会议厅、两个屋顶平台和一个员工食堂。三个房间具有雕塑感的形式将它们的公共功能与下面三层的行政办公室区分出来,并且为艺术校园界定了一个"檐口"。

莱维特中心是根据学校的两个最慷慨的捐助人的名字而命名的,它包括了大学的基金会、校友会和校友记录与服务部门。它为学校所有的与发展有关的活动提供了一个中心:资金筹措、校友联和扩展、学生培养、公共关系、经济发展和与立法机构的密切关系。

合作者:布鲁克斯·伯格和思凯尔斯
位置:美国,艾奥瓦州,艾奥瓦市
建造时间:1998年
摄影:法施德·阿萨西
　　　　理查德·潘恩

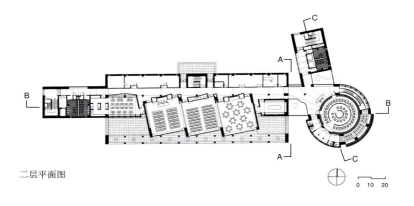

二层平面图

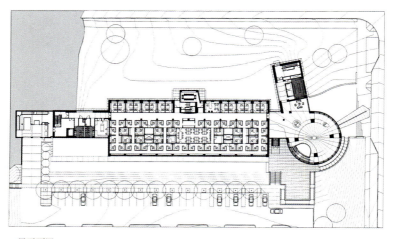

一层平面图

3层高的圆柱形凹槽室内的周边包括了一个仪式化的楼梯。立面是用玻璃砖做成的，这就意味着白天有着良好的自然采光，而晚上则变成了一颗晶莹剔透的明珠。

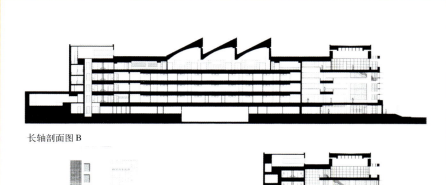

长轴剖面图 B

剖面图 A

剖面图 C

哈佛大学-维尔纳·奥托中心

这项15000平方英尺的扩建工程包括了巴士奇-雷辛格博物馆的美术展览馆和它的德国20世纪绘画和装饰艺术作品，以及作为福格博物馆一部分的美术图书馆。

主要的公共空间包括一层的图书馆阅览室和二层的永久性馆藏品的美术馆。南侧是尺度比较小的空间：一层是图书馆的员工办公室；二层是一个临时的展厅；三层是档案研究区。

设计是根据很多的基地条件确定的，包括与之相邻的由勒·柯布西耶设计的卡彭特视觉艺术中心，约瑟·刘易斯·萨特设计的地下图书馆以及要求与福格博物馆相连的3层楼。

维尔纳·奥托中心形成了两个面向街道的两层高的主立面，把一个新的室内楼梯、图书馆入口的广场和坡道结合在了一起。在它的后面，建筑变成了三层，从各个角度看，它都可以作为卡彭特中心一个既独立又彼此相关的补充。

美术图书馆有一个单独的入口，从而解决了由于图书馆和美术馆的开放时间不同而带来的安全问题。图书馆的阅览室通过很高的顶棚、窗户和显而易见的参照物向人们传达着与这些空间相关的高度感。

这个设计必须要表现现有的街景和尺度，另外还受到一座现有的地下图书馆的荷载承受能力的限制。

最终的解决方案同时解决了勒·柯布西耶的设计中引人注目的基地流线问题。卡彭特的中心坡道试图从建筑中把昆西街和普雷斯科特街用一个半封闭的步行道连接起来，但是它在福格博物馆的后院就结束了，并没有和人行道连接起来。这个设计把坡道延伸到一个新的广场，从那里既可以进入图书馆也可以通过一个室内楼梯下到街道上。

合作者：塞弗路德合伙人事务所(结构)
巴德·劳和阿桑那斯（设备）
杰瑞·库格勒合伙人事务所（照明）
沃尔什兄弟有限公司(总承包)
位置：美国，马萨诸塞州，剑桥，哈佛大学
面积：15000平方英尺
建造时间：1991年
摄影：保罗·沃切尔

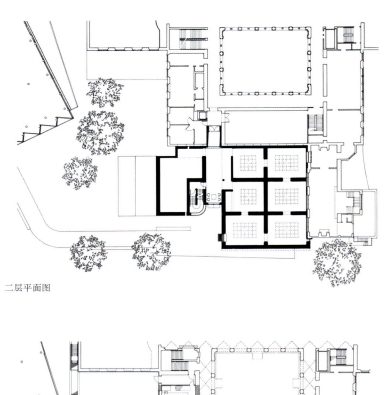

二层平面图

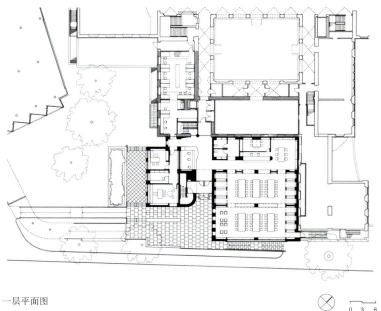

一层平面图

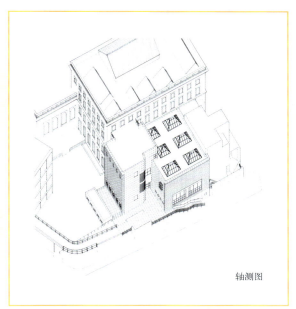

轴测图

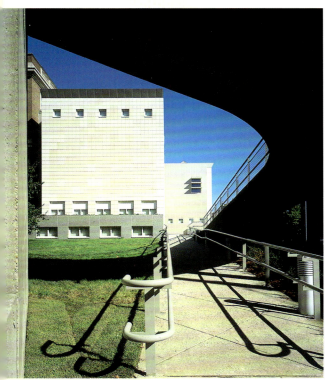

勒·柯布西耶设计的坡道延伸到了一个新的广场,从那里可以通过一个新的室外步行道到达图书馆或者街道。

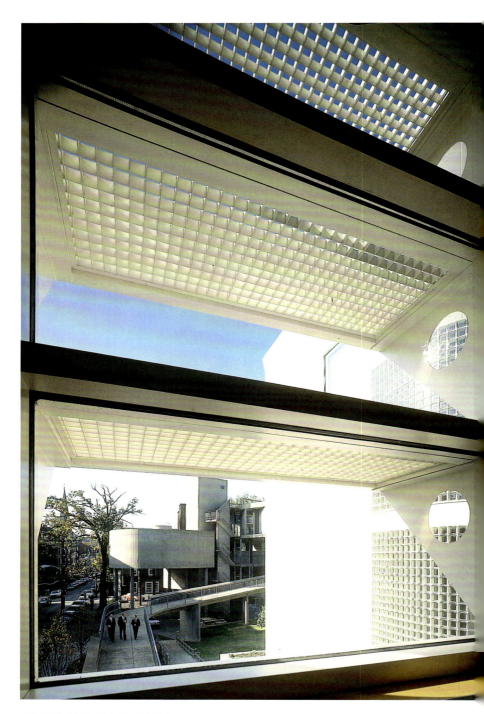

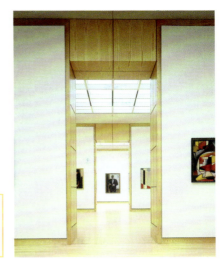

在一层,高高的凹槽是根据作为巴士奇-雷辛格博物馆永久馆藏品展览空间的使用功能而决定的,它们都从顶部采光。

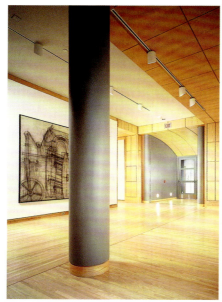

这个方案根据现行分区规范关于紧急出口和方向的内容设计。同时还必须解决由于建筑位于一座半地下基础（图书馆）之上荷载承受能力有限的问题。

本书所介绍项目方位图

所罗门·R·古根海姆博物馆

美国,纽约,第五大道1071号

劳伦斯科技大学

美国,密歇根州,南菲尔德

普林斯顿大学

美国,新泽西州,普林斯顿

摩根·史丹利·添惠有限公司全球总部

美国,纽约,百老汇大街1585号

国际摄影中心

美国,纽约,美利坚大街1114号

华盛顿大学-亨利美术馆

美国,华盛顿州,西雅图

艾奥瓦大学-莱维特中心

美国,艾奥瓦州,艾奥瓦市

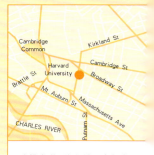

哈佛大学-维尔纳·奥托中心

美国,马萨诸塞州,剑桥

作品年表

2000年	纽约大学城研究生中心,美国,纽约
2000年	戴维·杰弗基金大楼,美国,加利福尼亚州,贝弗利山
2000年	公平大楼50层餐厅,美国,纽约
2000年	纽约长老医院小儿科肿瘤中心,哥伦比亚长老学校,赫伯特·欧文肿瘤中心,美国,纽约
2000年	声音景观广场,美国,纽约,纽罗切尔
2001年	维琴阿之家,美国,加利福尼亚州,贝尔·爱
2001年	尹班德公寓,美国,纽约
2001年	弗雷斯州立大学信息技术与教育FSU图书馆,美国,密歇根州,比格·莱匹茨市
2001年	国际摄影中心,美国,纽约
2001年	江克洛·内斯贝特办公室,美国,纽约
2001年	犹太儿童博物馆,美国,纽约,布鲁克林
2001年	劳伦斯科技大学,美国,密歇根州,南菲尔德。与纽曼/史密斯及合伙人事务所共同完成
2001年	路易斯·威尔斯·卡梅伦博物馆格林伯格展馆,美国,南加利福尼亚州,威尔明顿
2001年	马特林公寓,美国,纽约
2001年	米兰诺维顶层公寓,美国,俄亥俄州,哥伦布
2001年	蒙特费尔医疗中心综合肿瘤中心,爱因斯坦学校,美国,纽约,布朗克斯
2001年	蒙特费尔医疗中心综合肿瘤中心,摩西学校,美国,纽约,布朗克斯
2001年	普林斯顿福雷斯特尔中心写字楼,美国,新泽西州,普林斯顿
2001年	塞恩菲尔德公寓,美国,纽约
2001年	所罗门·R·古根海姆博物馆,美国,纽约
2002年	布赖恩特大学乔治·E·贝洛信息与技术中心,美国,罗得岛州,史密斯菲尔德
2002年	梅珀尔合作有限公司办公楼,美国,加利福尼亚州,贝弗利山
2003年	阿克伦-萨米特郡公共图书馆,美国,俄亥俄州,阿克伦。与理查德·弗莱茨曼建筑师事务所合作
2003年	伯奇菲尔德-潘尼艺术中心,美国,纽约州,布法罗
2003年	米德贝瑞大学图书馆,美国,佛蒙特州,米德贝瑞
2003年	奈史密斯荣誉纪念篮球馆和零售大楼,美国,马萨诸塞州,斯普林菲尔德
2003年	联合国美国代表团办公室,美国,纽约
2003年	辛辛那提大学学生中心,美国,俄亥俄州,辛辛那提。
2004年	艾伦郡公共图书馆扩建与翻新,美国,印第安纳州,福特·韦恩市。与MSKTD事务所合作
2004年	新泽西理工学院学生中心与学院楼,美国,新泽西州,纽瓦克
2004年	纽约公共图书馆改扩建,中曼哈顿图书馆,美国,纽约。与理查德·弗莱茨曼建筑师事务所合作